MapleStory
数学应用漫画

U0150902

冒险岛
数学奇遇记54

鸽巢原理的运用

〔韩〕宋道树／著　〔韩〕徐正银／绘　张蓓丽／译

台海出版社

图书在版编目（CIP）数据

冒险岛数学奇遇记.54,鸽巢原理的运用/（韩）宋
道树著；（韩）徐正银绘；张蓓丽译. -- 北京 :台海
出版社,2020.12

ISBN 978-7-5168-2776-5

Ⅰ.①冒… Ⅱ.①宋… ②徐… ③张… Ⅲ.①数学 –
少儿读物 Ⅳ.①O1-49

中国版本图书馆CIP数据核字(2020)第198148号

著作权合同登记号　图字：01-2020-5317

코믹 메이플스토리 수학도득 54 © 2016 written by Song Do Su & illustrated by
Seo Jung Eun & contents by Yeo Woon Bang
Copyright © 2003 NEXON Korea Corporation All Rights Reserved.
Simplified Chinese Translation rights arranged by Seoul Cultural Publishers, Inc.
through Shin Won Agency, Seoul, Korea
Simplified Chinese Translation Copyright ©2021 by Beijing Double Spiral Culture & Exchange Company Ltd.

冒险岛数学奇遇记.54，鸽巢原理的运用

著　者：〔韩〕宋道树		绘　者：〔韩〕徐正银	
译　者：张蓓丽			

出版人：蔡　旭　　　　　　　　　出版策划：双螺旋童书馆
责任编辑：徐　玥　　　　　　　　封面设计：沈银苹
策划编辑：唐　浒　王　蕊　王　赢

出版发行：台海出版社
地　　址：北京市东城区景山东街20号　邮政编码：100009
电　　话：010-64041652（发行，邮购）
传　　真：010-84045799（总编室）
网　　址：www.taimeng.org.cn/thcbs/default.htm
E－mail：thcbs@126.com

经　　销：全国各地新华书店
印　　刷：固安兰星球彩色印刷有限公司
本书如有破损、缺页、装订错误，请与本社联系调换

开　本：710mm×960mm　　　　1/16
字　数：185千字　　　　　　　印　张：10.5
版　次：2020年12月第1版　　　印　次：2021年3月第1次印刷
书　号：ISBN 978-7-5168-2776-5
定　价：35.00元

前 言

重新出发的《冒险岛数学奇遇记》第十辑，希望通过创造篇进一步提高创造性思维能力和数学论述能力。

我们收到很多明信片，告诉我们韩国首创数学论述型漫画《冒险岛数学奇遇记》让原本困难的数学变得简单、有趣。

1~30册的基础篇综合了小学、中学数学课程，分类出7个领域，让孩子真正理解"数和运算""图形""测量""概率和统计""规律""文字和式子""函数"，并以此为基础形成"概念理解能力""数理计算能力""理论应用能力"。

31~45册的深化篇将内容范围扩展到中学课程，安排了生活中隐藏的数学概念和原理，以及数学历史中出现的深化内容。此外，还详细描写了可以培养"理论应用能力"，解决复杂、难解问题的方法。当然也包括一部分与"创造性思维能力"和"沟通能力"相关的内容。

从第46册的创造篇起，《冒险岛数学奇遇记》以强化"创造性思维能力"和巩固"数理论述"基础为主要内容。创造性思维能力，是指根据某种需要，针对要求事项和给出的问题，具有创造性地、有效地找出解决问题方法的能力。

创造性思维能力由坚实的概念理解能力、准确且快速的数理计算能力、多元的原理应用能力及其相关的知识、信息及附加经验组成。主动挑战的决心和好奇心越强，成功时的愉悦感和自信度就越大。尤其是经常记笔记的习惯和整理知识、信息、经验的习惯，如果它们在日常生活中根深蒂固，那么，孩子们的创造性就自动产生了。

创造性思维能力无法用客观性问题测定，只能用可以看到解题过程的叙述型问题测定。数理论述是针对各种领域和水平（年级）的问题，利用理论结合"创造性思维能力"和"问题解决方法"解决问题。

尤其在展开数理论述的过程中，包括批判性思维在内的沟通能力是绝对重要的角色。我们通过创造篇巩固一下数理论述的基础吧。

来，让我们充满愉悦和自信地去创造世界看看吧！

出场人物

哆哆

因帮巴托丽解决难题而成为吸血鬼王，虽然继承了巴托丽的无边法力，却因为自身条件的限制没办法好好发挥出来。

默西迪丝

喜欢上了曾经看不顺眼的哆哆，却拼命掩饰不想让人看出来。她还有着巨大的身世之谜。

阿兰

利安家族的族长，同姐姐默西迪丝来到荒芜大陆寻找哆哆。现在计划和已经成为吸血鬼王的哆哆一起留在荒芜大陆。

前情回顾

在荒芜大陆被伊伯默兹追赶的哆哆跑进巴托丽家里之后却变成了吸血鬼，而皇后和俄尔塞伦公爵同德里奇达成了联盟，目的是打败宝儿。另一边，哆哆作为巴托丽的继承者成了新的吸血鬼王，因为无法与特地前来荒芜大陆帮他的阿兰和默西迪丝在一起而放声痛哭……

劳工僵尸

僵尸们的头头，非常厉害的妖怪。作为伊伯默兹的哥哥，在弟弟被哆哆打败之后就和哆哆结下了血海深仇。

皮皮

全名为皮皮斯特兰尔，被任命为吸血鬼王哆哆的秘书，在旁辅佐。他知道如何让哆哆成长为一位真正的吸血鬼王。

德里奇

放弃了公立螺旋大学魔法系教授的职务，因同宝儿之间的纠葛开始帮助陷入危机的皇后。

宝儿

无所不能的千年女巫，受艾萨克之托变成皇后的样子将坏蛋皇后和俄尔塞伦公爵赶出了皇宫，让帝国再次恢复了和平。

目　录

吸血鬼也孤单

伤心

哎哟，我这是在干吗……不是已经决定不再去想了嘛！

忍！！

靠近

*幻觉：视觉、听觉、触觉等方面，没有外在刺激而出现的虚假的感觉。患有某种精神病或在催眠状态中的人常出现幻觉。

是的!

你说什么?

我们决定成为吸血鬼，和哆哆大哥你一起活下去。

*懂事：指了解别人的意图或一般事理。

要不是因为我们，你又怎么会跑到荒芜大陆来变成吸血鬼呢?

我没办法把你一个人丢在这里受苦，所以，我们决定……

给我闭嘴，你们两个不懂事*的家伙!

看来你们是不知道我有多可怕才会这么毫无顾忌……

那就让你们见识见识!

正好！就从我开始咬吧。

嗖

咬啊！

我、我知道了，你别催我……

惊慌

*插队：插进队伍中去。

那还是先咬我吧？

弟弟，你怎么还插队*呢？还不赶紧让开！

你、你们这两个家伙！

都给我安静点！我想咬谁就咬谁！

哎哟……

你的尖牙不见了！

可能是被我们吓到了……

关你什么事儿！

你就不能诚实一点吗？你不是也很想念我们吗？

我一点都不想。我只觉得你们麻烦得要死！

大哥，我们来打个赌吧？输了的人要绝对服从*赢了的人！

*服从：遵照，听从。

趣味数学题。

打什么赌?

哈哈

数学题? 你这不是在关公面前耍大刀嘛!

我这次可是信心满满。这个问题是我熬了几个晚上才想出来的。

啊, 原来是这样啊!

*废话: 指没有用的话。

那好, 我就答应你! 要是我答对了这道题, 你们就不要废话*, 赶紧消失。

就听你的!

可以。

很好!

嘻嘻

那我就来看看你这个问题是有多了不起吧!

沙沙

什么东西能让地上这些式子都成立?

晕

很难吧?

难什么难……10秒钟就给你解出来!

过了 10 分钟依旧没能解出来的哆哆

呃嗯

是不是解不出来?

这个问题真的有答案吗?要是你说这是什么外星人加法之类的话,我是不会放过你的!

这不是宝儿常用的手段嘛……

解不出来你就说你解不出来啊!

好,我解不出来!

答案是什么?如果这个问题乱七八糟、毫无逻辑的话,就还是算我赢哦!

正确答案就是日历!

什么?

假设这个月有 31 天，那么第 28 天的四天后就是下一个月的 1 日。如果这个月只有 30 天，那么第 28 天的四天后就是下一个月的 2 日。

阿兰的解答
例
10 月 28 日 +4 天 =11 月 1 日
9 月 28 日 +4 天 =10 月 2 日

*闰月：农历三年一闰，五年两闰，十九年七闰，每逢闰年所加的一个月叫闰月。

第三个式子是指当 2 月份为闰月*的时候，2 月 28 日的四天后就是 3 月 3 日；当它不是闰月的时候，四天后就是 3 月 4 日!

阿兰的解答
闰月时
2 月 28 日 +4 天 =3 月 3 日
不是闰月时
2 月 28 日 +4 天 =3 月 4 日

哐

这个问题是阿兰你想出来的?

是我跟姐姐一起想出来的。

我们觉得这个方法最好，于是就一起想了这个办法。

好吧，我输了……

那是不是从现在开始我们就能在一起了?

你们到底为什么一定要这样？一直跟吸血鬼待在一起，你们也很有可能会变成吸血鬼的。为什么要这么傻!

别的办法也是有的!

139章-1
押宝
填空题

有3个一模一样的乒乓球，把它们分给A、B两个人会有（　　）种分法。

请问您是……

我是皮皮斯特兰尔。大家叫我皮皮就行了。

*辅佐：协助（多指政治上）。

我是吸血鬼大王哆哆的秘书，专门辅佐*他。

我什么时候让你当秘书了……

哆哆当大王了？

果然有能力的人就是不一样！

协会已经下达任命通知了！

正确答案

4（解析见第165页）

你刚才说有办法是什么意思，皮皮秘书？

不爽

这么快就改口了……

我的意思是有办法让您的朋友和您一同生活。

那就得让他们都变成我这样……

并不一定非要这样的。

刚才您的尖牙是不是突然不见了？

那是因为我被吓到了……

不是这个原因。

那是什么？

疑惑

那就是友情。

如果真正的朋友就在身旁的话，会让吸血鬼变得不那么凶残*。

*凶残：凶恶残暴。

那么我跟他们在一起也是可以的?

啊啊

那我会不会突然扑向他们张嘴就咬……

这种事情是绝对不会发生的。

我好感动啊。没想到哆哆大哥竟然把我们当作他最亲近的人……

貌似不是这样的吧。

请问你叫……

我叫阿兰。

虽然哆哆大王和阿兰先生关系也很亲近，但是……

哆哆大王与这位女士的关系似乎更好一些。

我姐姐？

我吗？

她？

不是的！

尴尬

尴尬

不是吗?

那可能是我看错了吧。

怒目　　脸红红

不管怎么样能在一起就好了!

好什么好……我一点都不好!

能和哆哆大哥在一起真是太好了!

现在我就不孤单了。好幸福……

就在这里。我会让你以后变得超级不好的!

回头

劳工僵尸！

劳工……什么？

他是僵尸的头头，实力非常强。

他有多强？

你问我他有多强？

他比你强十倍，行了吗？

你这是什么口气？

我口气就这样了，怎么样？你现在摊上大事儿了！因为劳工僵尸马上就会把你干掉！

以你现在的实力是绝对打不赢他的！我就先走一步了！

原来是只蝙蝠！果然蝙蝠都是叛徒之流！

别担心，默西迪丝、阿兰，我会保护你们的！

转身

呃嗷嗷

我可是吸血鬼中的大王——吸血鬼王！你还不乖乖束手就擒……

培养创造力和数理论述实力

① 数的表现形式

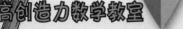

领域一 数和运算　　能力一 理论应用能力

在日常生活中我们想起某个事物的时候，最先想到的是这个事物"有"还是"没有"，也就是存在概念。如果这个事物存在，那么接下来就会考虑"是多""是少""有多少"等这种多少的比较概念。

我们在说事物的多少，即数量的时候，常用数字表示。当今世界通用的数字写法是阿拉伯数字 0、1、2、3、4、5、6、7、8、9。

我国最早使用十进制记数法，且是认识到进位制的国家。十进制是中国人民的一项杰出创造，在世界数学史上有重要意义。著名的英国科学史学家李约瑟教授曾对中国商朝的记数法予以很高的评价，"如果没有这种十进制，就几乎不可能出现我们现在这个统一化的世界了"。李约瑟说："总的来说，商朝的数学系统比同一时代的古巴比伦和古埃及更为先进更为科学。"

〈参考〉 十进制计数法是指每相邻的两个计数单位之间的进率都是十的一种计数方法。中国的计数单位，从个位起，每四个位数是一级。个位、十位、百位、千位是个级，表示多少个一。万位、十万位、百万位、千万位是万级，表示多少个万。

论点1 请读出下列数字。

（1）349,077,842,156　　　　　　　（2）3490,7784,2156

〈解答〉 （1）和（2）都是有 12 位数的数字。（1）是使用国际通用方法，从右边第一位数开始，每三位数字之间用一个逗号隔开。不过像（2）这种情况是从右边第一位数开始以每四位数字为一组来区分数字层级"亿、万、一"的，我们只需要在每一组的第四位数后面加上计数单位来读就行了。即，读作"三千四百九十亿七千七百八十四万二千一百五十六"。

论点2 请在下列括号里填写对应的计数单位。

（　）←（载）←（正）←（　）←（沟）←（　）←（秭）←（　）←（京）←（　）←（亿）←（万）

〈解答〉 (极)←（载）←（正）←（涧）←（沟）←（穰）←（秭）←（垓）←（京）←（兆）←（亿）←（万）

当今社会, 常用的数字单位制度有三个, 分别是中国数字单位、国际数字单位、计算机数字单位。

论点3 请读出下列数字。
（1）12345678998   （2）12300000000

〈解答〉（1）读作：一百二十三亿四千五百六十七万八千九百九十八
　　　　（2）读作：一百二十三亿

一个数中的每一个数字所在的位置都有特定的数位, 数位会根据数字在数中位置的不同而不同。每个数位上的数值乘以它的数位再相加就等于这个数。

例如, $345=3\times100+4\times10+5$（或是$345=3\times10^2+4\times10^1+5\times10^0$）, 可以像这样用每个数位上的数值乘以它的数位再相加的等式表示出来。

论点4 请表示出下列数字。
（1）12345678998   （2）12300000000

〈解答〉（1）$1\times10^{10}+2\times10^9+3\times10^8+4\times10^7+5\times10^6+6\times10^5+7\times10^4+8\times10^3+9\times10^2+9\times10+8$
　　　　（2）$1\times10^{10}+2\times10^9+3\times10^8$

我们在说一个国家居住人口的时候, 类似"52941376人", 这种说到个位数的情况非常少见。一般都是四舍五入说到万位数, 也就是"5294万人"；或者是直接到百万位, 大约"5300万人"。

上述这种四舍五入取近似值的情况所写到的"5294"和"53"就被称为"有效数字", 这些数字都表达了一定的意义。52941376四舍五入到万位就是5294×10^4, 四舍五入到百万位则是53×10^6。这两个数若是用下面的方式写出来, 大家就能发觉这种写法的好处了。

　　　5294×10^4　$\Rightarrow$　$5.294\times10^3\times10^4$　$\Rightarrow$　5.294×10^7
　　　53×10^6　$\Rightarrow$　$5.3\times10\times10^6$　$\Rightarrow$　5.3×10^7

把一个数表示成a与10的n次幂相乘的形式（$1\leq|a|<10$, n为正整数）, 这种记数法叫作科学记数法。

论点5 请用科学记数法表示出下列数字。
（1）4903000000   （2）2549.03

〈解答〉（1）4.903×10^9
　　　　（2）2.54903×10^3

仙女与猎人

我的复仇才刚刚开始呢，新人吸血鬼王！

什么复仇，你跟我之间有什么恩怨吗？

你这是明知故问吗？

伊伯默兹是我弟弟！

惊

转身

你知道我有多么爱他吗？

他要把我抓去吃掉，我也是没办法……

那你就应该乖乖被他抓去吃掉啊！

啊？

我要你也尝尝失去至亲之人的痛苦！

挣扎

挣扎

不行，你别动他们！

痛苦？

那正好，我就是要让你痛苦！

气势

汹汹

有本事冲我来，你这坏蛋！

拔

都被我打成这样了，你还没清醒？

将357的数位值以 3×100+5×10+7×1 的形式表示出来的方法叫作科学记数法。

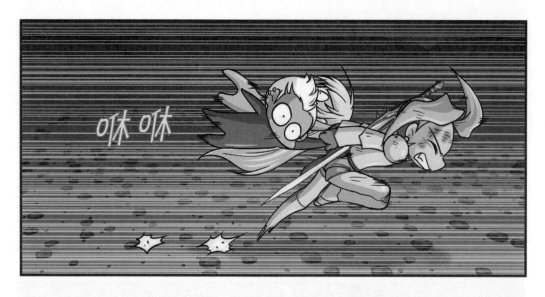

正确答案　×（解析见第165页）

不开心

我本来以为大哥你都已经是吸血鬼王了，打起架来应该超厉害的。

对、对不起。

他是吸血鬼王没错，也继承了吸血鬼女王巴托丽无边的法力。

嗖嗖

不过这些法力现在还处于种子的状态，要想它发芽结果也许还得等十年。

十年?!

嘭

我在来的路上看见劳工僵尸在僵尸超市挑选鬼怪裤子，就是用老虎皮做的那种刀枪不入的裤子，这你知道吧?

吓

它应该马上就要找到你们了，嘿嘿嘿!

哼!

别怕，我努力试着增强一下我的法力。

这是你想增就能增的吗?

增强法力是需要时间的，光靠努力是不够的。

除非你能得到精灵的帮助，毕竟精灵能够促使万物生长。

可是这荒芜大陆上又怎么会有精灵呢？最终你还不是要凄惨的死去，这真是……

嘿 嘿

我姐姐就是精灵啊……

咚

○（解析见第 165 页）

精、精灵！

你害得我在水里泡了一个星期！你看看我的手都被泡肿了。

把我的衣服偷走了，现在才跑回来，你怎么能这样？

只要你答应和我一起回去，我就把你的衣服还给你。

你找打吗？

生气

你要是不愿意的话我就走了！

转身

吓一跳

站住！

近看更漂亮了！

想要我跟你一起回去也可以，看你是否有能力赢过我。

正确答案　埃（解析见第165页）

但是你嘛……

我可是贵族，侯爵！

这又不是你的能力，不过是你世袭罢了……

尴尬

是不是只要我能力出众你就会跟我回去？

那你的能力出众吗？

我很擅长投掷运动！

投掷？

嗬

看好了。

捡起

这样你还敢在我面前说你擅长投掷?

我们打个赌吧。要是我输了的话,我就立马把衣服还给你,绝不纠缠。

咻 咻 咻

转转

转转

赶紧把我的衣服还给我!

还是先看看它会掉在哪里吧。

!

我的会飞到很远的地方去，你不一定看得到……

将 4567000 用科学记数法表示出来为（　　）。

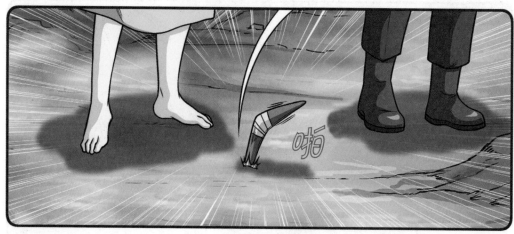

正确答案　4.567×10^6（解析见第 165 页）

哇啊！你爸爸果然够聪明！

后来他们二人就结了婚，不久我就出生了。

不过他们没多久就分开了。因为依照精灵国的法律，精灵是不能长时间在人间逗留的。

伤感

姐姐……

所以我的身体里流淌着精灵的血，至少有一半吧……

真的是精灵啊！

我说她怎么长得这么漂亮，不像个真人……

您刚才是说只要能得到精灵的帮助，吸血鬼王的法力就能快速提升，对吧？请赶紧告诉我们该怎么做吧。

紧张

这个，吸血鬼大王……

哼，又想耍什么花招！

要是您有了强大的法力会惩罚我吗？

当然会啊。

哈哈

怎么可能呢！我可不是那么小肚鸡肠的吸血鬼！

我会让你记住今天的！

我就知道您不是，我们吸血鬼大王的肚量可大着呢……

那是当然，赶紧告诉我们该怎么做吧！

精灵帮吸血鬼提升法力的方法很简单。

咚
咚

我这次穿来的鬼怪裤子，穿两千年都不会破！

这也就意味着，我的裤子不会再像刚才那样掉下来了。

皮皮，赶紧说啊！

小声   小声

呸

这不行，还不如
就这样死去！

说得不错！

说得对，
死了更好。

晕

 计算机世界的二进制

 数和运算   创造性思维能力

提示文 1

二进制是计算技术中广泛采用的一种数制。它的基数为2，进位规则是"逢二进一"，借位规则是"借一当二"，由18世纪德国数理哲学大师莱布尼兹发现。

优点是：

（1）技术实现简单，计算机是由逻辑电路组成的，逻辑电路通常只有两个状态，开关的接通与断开，这两种状态正好可以用"1"和"0"表示。

（2）简化运算规则：两个二进制数和、积运算组合各有三种，运算规则简单，有利于简化计算机内部结构，提高运算速度。

（3）适合逻辑运算：逻辑代数是逻辑运算的理论依据，二进制只有两个数码，正好与逻辑代数中的"真"和"假"相吻合。

（4）易于进行转换，二进制与十进制数易于互相转换。

（5）用二进制表示数据具有抗干扰能力强，可靠性高等优点。因为每位数据只有高低两个状态，当受到一定程度的干扰时，仍能可靠地分辨出它是高还是低。

论点1 有8个电灯泡如右图那样排成了一列，这8个电灯泡能够演变出多少种不同的信号呢？

1 0 0 1 0 1 1 1

〈解答〉一个电灯泡只有打开（ON）和熄灭（OFF）两种信号，所以8个电灯泡一共有 $2×2×2×2×2×2×2×2=2^8=256$（种）不同的信号。

论题 计算机的存储单位有比特和字节，请在网上查询后简要说明一下二者的不同。

〈解答〉**论点1** 当中的电灯泡有开和关（ON/OFF）两种情况，假设用1和0来区分这两种情况，8个电灯泡出现的信号就为一个有8个二进制位的数，即二进制数。二进制系统中，每个0或1就是一个位，位是数据存储的最小单位，其中8比特就称为一个字节。

我们常常会听到千字节、兆字节、吉字节等关于计算机存储容量的词。

论点2 计算机所使用的记数系统为二进制,请说明如何运用二进制原理来表示整数。

〈解答〉 根据计算机的类型,一个字相当于2字节(16位)、4字节(32位),或是8字节(64位)。另外,一个字可以作为单位用来存储整数或实数(实际为小数)。整数时,一个字最左侧位就为区分整数正负的符号位。例如,假设用16位的字来表示整数的话,从 -32768 即 -2^{15} 到 $+32767$ 即 $(2^{15}-1)$ 的所有整数都会包含在内,也就是说能够表示出 2^{16} 个整数。

提示文 2

下面我们来了解一下如何将一个十进制的数23转换为一个二进制的数吧。十进制整数转换为二进制整数采用"除2取余,逆序排列"法。具体做法是:用2整除十进制整数,可以得到一个商和余数;再用2去除商,又会得到一个商和余数,如此进行,直到商为小于1时为止,然后把先得到的余数作为二进制数的低位有效位,后得到的余数作为二进制数的高位有效位,依次排列起来。

```
2) 23
2)  11 … 1
2)   5 … 1
2)   2 … 1
     1 … 0
```
$23_{[10]} = 10111_{[2]}$

〈参考〉 二进制的计算原理也与十进制一样,相加等于2就向前进一位,做减法时后一位数向前一位数借1就成了2。下面为大家举例说明。

$$
\begin{array}{r}
10111 \\
+\ \ \ 1001 \\
\hline
100000
\end{array}
\qquad
\begin{array}{r}
11010 \\
-\ \ \ 111 \\
\hline
10011
\end{array}
$$

论点3 计算机当中的实数常常以浮点数的形式来表示,请解释说明一下浮点数。

〈解答〉 浮点数是属于有理数中某特定子集的数的数字表示,在计算机中用以近似表示任意某个实数。具体地说,这个实数由一个整数或定点数(即尾数)乘以某个基数(计算机中通常是2)的整数次幂得到的,这种表示方法类似于基数为10的科学记数法。

浮点计算是指浮点数参与的运算,这种运算通常伴随着因为无法精确表示而进行的近似或舍入。

一个浮点数 a 由两个数 m 和 e 来表示:$a = m \times b^e$。在任意一个这样的系统中,我们选择一个基数 b(记数系统的基)和精度 p(即使用多少位来存储)。m(即尾数)是形如 $\pm d.ddd \cdots ddd$ 的 P 位数(每一位是一个介于0到 $b-1$ 之间的整数,包括0和 $b-1$)。如果 m 的第一位是非0整数,m 称作规格化的。有一些描述使用一个单独的符号位(s 代表+或者-)来表示正负,这样 m 必须是正的。e 是指数。

论点4 计算机是如何存储文字或符号的?

〈解答〉 简单地说计算机是用图像的形式储存文字的。电脑中的文字是用点(就是传说中的像素)拼成的,以简易汉字为例,每个简易汉字由256个点拼成,这256点排列成16×16的矩阵,即每行16个点,每列16个点。其中每个点是黑是白都由一个二进制位来保存。

就这么把你们解决掉太无趣了，还是用个特殊武器吧！

嘿嘿

去死吧，吸血鬼王！

呃嗷嗷

这是我以前特别喜欢用的锄头*！

*锄头：一种形状像镐一样的农具。

争吵 不休

干吗呢?!

这有什么难的啊?!

我们觉得很难。

哎哟……

哆哆大哥吸姐姐一滴血,或者是姐姐你咬哆哆大哥一口就行了啊……这哪里难了?

生气

当然难啦!你来当我们试试!

给我看这边!

你们看不到我吗？

请赶快决定＊！

＊决定：对如何行动做出主张。

我觉得比起咬你一口，给你咬一下还是要好一些！

也、也是哦……

你这样想就对了！

精灵就算被咬了也不会变成吸血鬼的。

赶紧咬！

知、知道了。

啊……真的不要紧吗？

吸血鬼王大人，请抓紧时间！

我实在是忍不下去了！

咻 咻 咻

好痒啊！

你们在搞笑吗？

怒火

天哪！

挥动

141章-1
突袭
判断题

一个字节由 8 个比特构成。

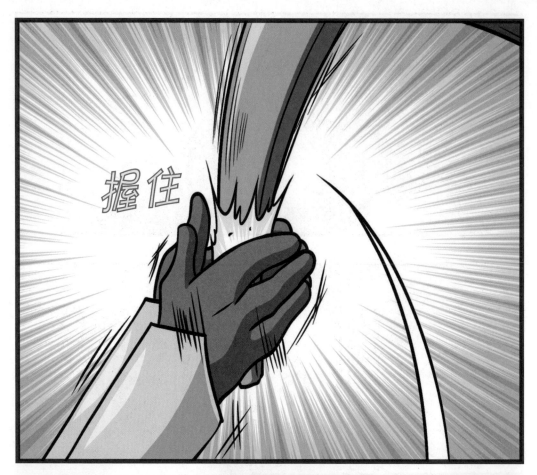

效果来得好快呀……

好厉害啊!

怎、怎么回事? 怎么突然一下力气变得这么大了?

疑惑

正确答案

○（解析见第165页）

吸血鬼王，
加油！

很好，既然这样……

弟兄们，给我出来！

给我上！

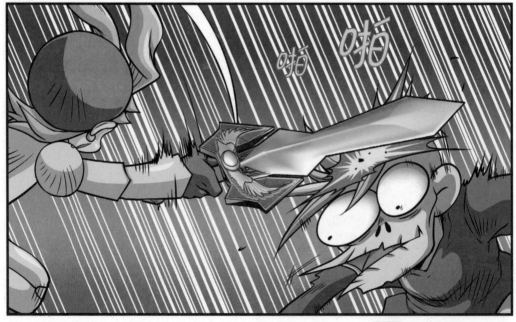

正确答案　○（解析见第 166 页）

各路妖怪们，吸血鬼王诞生了！

啪 啪

干吗打我？

气愤

这还要问吗？

您不是说了会原谅我的吗？

所以我才只打你1000下啊，本来是要打2000下的！

啊..

啪 啪

就这样哆哆迫不得已成了
吸血鬼族的大王

一个字节能够表示（　　）种编码。

第141章　宝儿vs德里奇，巅峰之战　71

皇后娘娘整完容之后更加美丽！

只要你也整成宝儿的样子不就行了！

撕拉

不要！

这你肯定不愿意。

皇后什么的我不需要！从现在开始我的人生目标就只有一个！

宝儿！我要把你撕成碎片！

虽然是我妹妹，可我还是觉得她好可怕啊……

德里奇教授那边一切都还顺利吧？

嗡嗡

他说今天终于有成果了。

他是说先这样把通往魔界的大门给打开，然后再把魔界的怪物召唤出来跟宝儿决一死战，对吧？

嗯。

这会不会太危险了啊？就这样把魔界跟人间联通起来……

也不是很危险，德里奇教授不是说……

只要好好按照规定来打开大门就不会有危险，因为魔法师会掌控好一切的。

141章-4
押宝
填空题

用二进制乘法来计算 $111_{[2]} \times 11_{[2]}$ 的话，会得到二进制数（　　）。

另外，这些被召唤到人间的怪物会绝对服从魔法师的命令，所以一点危险都没有。

可我还是有点不安。

德里奇教授正在念的咒语……

嘀嘀咕咕

是开启大门的咒语？

嗯，要是能把这段咒语背下来就好了。

安静

你真是不嫌事儿大！你把那个背下来想干吗？

咒语

咒语

正确答案　10101[2]（解析见第166页）

大门已经开启了吗?

马上就要开启了。

现在只要我们解出这个问题，大门就能开启了。

得赶紧解开这道题才行……

有提示吗？

提示是22。你们二位也来帮帮忙。

22 的话……

嘿嘿

不好啦。

你们也不知道吗？

你数学不是很好嘛……赶紧试试！

我已经解出来了。

！

答案是什么？

我可没法儿就这么告诉你！

吓

只要你把开启大门的咒语告诉我，我就把这道题的答案告诉你！

你说什么？你说这话的时候知不知道这咒语有多危险？

不想说就算了……

你这是什么意思？我现在做的这些不都是为了你吗！

*冠冕堂皇：形容表面上庄严或正大的样子。

别说得这么冠冕堂皇*。这事儿不也是教授你自己想要报仇才做的嘛。难道不是吗？

我们干脆交换算了！用咒语换问题的答案……

像你这样完全不会魔法的人拿了这咒语也没有用。这咒语必须跟魔法一起使用才能发挥作用。

行了，赶紧把你手里的咒语扔过来。

扔出

抓住

答案是 2！这是一个特殊幻方，现有的这个 4×4 的大正方形可以分为很多个 2×2 的小正方形，而每个小正方形的四个数字之和都为 22！

皇后的解答

组合1	组合2
9 4	8 6
6 3	7 1

组合3	组合4
8 5	7 7
5 4	6 □

组合1 $9 + 4 + 6 + 3 = 22$

组合2 $8 + 6 + 7 + 1 = 22$

组合3 $8 + 5 + 5 + 4 = 22$

组合4 $7 + 7 + 6 + □ = 22$

∴ □ = 2

※ 除了这四组数字，其余所有2×2小正方形里的四个数字之和都为22。

最后一把钥匙也插到门上了！

啪 啊 啊 啊

听我之命，开启大门吧！

提高创造力数学教室

3 什么是视错觉?

领域 数和运算　　能力 创造性思维能力

当人或动物观察物体时，基于经验主义或不当的参照形成的错误的判断和感知，叫作视错觉。在我们日常生活中，所遇到的视错觉的例子很多。

◆ 平行线看起来不平行: 两条平行线看起来是弯曲或倾斜的。

◆ 受周围图形的影响产生大小差异。

 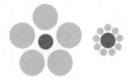

同一长度看起来不一样　　　　圆圈一样大看起来不一样　　　蓝色部分看起来更小

$(5 \times 5 - 4 \times 4 = 3 \times 3)$

◆ 同一长度的线段，垂直的会看起来比水平的更长。

虽然帽檐和帽身的长度是一样的，但是帽身看起来更长。

◆ 光线明暗带来的差异。

由于在人们的固定思维中阳光是从上往下照射的，所以凹面和凸面看起来会不一样。

（等等! 大家再反过来看看!）

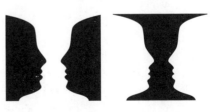

看起来既像是人的侧脸，又像是奖杯。

◆ 位置远近带来的大小差别。

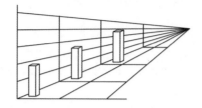

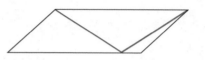

左边的红线看起来要比右边的长。

◆ 人眼在观察物体时，光信号传入大脑神经，需经过一段短暂的时间，光的作用结束后，视觉影像并不立即消失，这种残留的视觉称"后像"，视觉的这一现象则被称为"视觉暂留"。

下面有两组图，遮住一只眼睛盯着A图里的动物看一段时间（30秒以上），再看向B图中画的点，会发现这里隐约也能看见动物的残影。

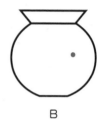

A　　　　　　B　　　　　　　　A　　　　　　B

◆ 示意图让人下意识觉得实际也成立，其实这些立体图形都是不存在的。

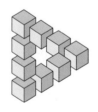

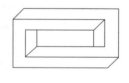
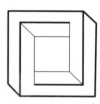

彭罗斯三角　　　　　　　　　　　彭罗斯正方形

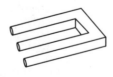

魔鬼音叉

宝儿，宣布绝交

虽然有点舍不得，但我还是决定把藏在鼻孔最里面的那坨鼻屎给挖出来！我怕我再忍下去就要无聊得发疯了。

我忍不下去了！

皇后娘娘！

我好不容易现在才有点儿事做，你过会儿再来！

大事儿不好了！

魔法天才德里奇教授向皇后娘娘您发挑战书了！

给我看看！

哎呀，竟然这样！

您又不认识字，干吗装作很惊讶的样子？

无语

被看出来了。

正好我闲得发慌，我要跟德里奇好好玩玩！

皇后娘娘，请您清醒一点！

德里奇教授背后*可是假皇后和俄尔塞伦公爵。

不是原本我才是假的，那个女的才是真的吗？

嘘，请您不要乱说！

*背后：背地里。

不管怎么样您都得赢过他才行。

别担心！德里奇在我面前动都不敢动，这他自己也非常清楚。

非常清楚的德里奇教授还敢给您下挑战书，是不是就意味着他已经做好万全准备了呢？

他能准备什么！

不祥的预感……

啊，一出皇宫我就感觉活过来了……

艾萨克，我能不能回到以前的生活？不回皇宫了？

这种话您怎么能随随便便就脱口而出呢！

好久不见，宝儿。

142章-1
变装
判断题

两个事物的实际大小一致，受周围情况的影响产生错觉，从而觉得这两个事物大小不一样的现象被称为视错觉。

第142章 宝儿，宣布绝交

天哪！这么久没见你又变帅了！

啊

今天就是宝儿你的死期，你给我放聪明点！

艾萨克你这个叛徒，你就等着再回地下监狱去吧！

你说话小心点！你们毁掉了的帝国可是我们皇后娘娘重新再建的！背叛了国家和人民的不是我，而是你们！

愤怒

正确答案　○（解析见第166页）

哎哟，他的嘴皮子变厉害了哪！

请你们冷静点！

我真想把他的嘴撕烂！

谢谢你接受我的挑战。为了表示我的诚意，今天我就把你撂倒在这儿吧！

魔界之门开启吧！听我号令，我的仆人们……

特别出演的炎魔

咚

当

惊吓

好、好可怕!

别害怕，德里奇教授不是说了他可以掌控它们嘛!

天哪

你在干吗？
我叫你攻击她！

那你自己为什么不去，偏要指使我去？

这、这个……

你害怕，对吧？

没有，
那个……

不只你怕她，我也怕啊！你都不愿意做的事儿为什么要指使我去做？

喂！你怎么还不走？

对、对不起，姐姐。这次是我不对……

祝你度过一段美好的时光。

低头

嗖！

正确答案　○（解析见第166页）

皇后娘娘最棒!

德里奇!

好了,我认输,行了吧?

不是,你现在做的这件事不是你输不输的问题……

你这是把你自己往垃圾桶里丢,你知道吗?

不管你多么讨厌我，你也不能为了报仇开启魔界之门啊！

魔法师的职责是为人类服务，你不知道吗？现在的你已经失去了当魔法师的资格！

我要和你绝交，因为你就是一个败类！

啊哈

夺拉

嗒嗒嗒

刚才宝儿是不是很帅?

并不帅!

你跟我说什么谎啊!

我做得棒吧?

是,刚才您演得非常到位。

大步
大步

要是……德里奇生气了,以后再也不见我了怎么办?

142章-3
押宝
填空题

现实中不存在的立体图形 叫作(　　　)。

那是不会的，像德里奇教授这种优秀的男生就是要狠狠给他一击才行。这就是欲擒故纵*的法则。

要是不行的话，你可要负责哦。

*欲擒故纵：指想要捉住他，故意先放开他，使他放松戒备，泛指为了更好地控制，故意先放松一步。

败类

败类

败类

宝儿说得对。我被仇恨蒙蔽了双眼，忘记了魔法师的本心……

我就是个败类！

呜

呜

正确答案

彭罗斯正方形（解析见第 166 页）

几天后

皇后娘娘！

嗒嗒嗒

他终于来了！

起身

真的?

不过我这里正好有一个办法可以让你弥补你的错误。

我要你到皇宫来当御前侍卫*保护我。这也就意味着我给你机会，让你用你的魔法做好事。

御前侍卫？！

*侍卫：指在帝王左右护卫的武官。

当然了，你要把我当作皇后娘娘来尊敬，因为我不再是你的朋友。

抬头

142卷-4 押宝 填空题

一直盯着一种颜色看，然后突然看向其他地方或是白纸的时候，就会看到这种颜色以残影的形式出现，这一现象被称为（　　）。

宝儿以前就这么漂亮，这么有气质*吗？

我还在等你的答复呢，德里奇。

*气质：指风格、气度。

我答应您，谢皇后娘娘隆恩！

正确答案　视觉暂留（解析见第166页）

你究竟想干吗?

我不是说了嘛!我要靠我自己的力量开启大门进入魔界……

光是把魔界的怪物召唤出来是不行的,这些怪物在宝儿面前一点用都没有。

我要亲自去魔界学习黑魔法。

你怎么会有这样荒唐的想法?

上次德里奇教授画下的魔法阵还隐约能看到点样子,我就照着这个再画一遍就行了。

等、等等!

你忘了德里奇教授说的吗?不会魔法的人就算念了咒语也没有用!

这话你也信?

咒语本身就是有魔力的，不管谁念出来都一样有用。德里奇教授说这种谎话不过是为了吓唬我们而已。

那我们也……

啊！
啊！

愣着干吗？还不过来帮忙。

生气

知、知道了。

跑跑跑

 几何体的截面

大体上描述或表示物体的形状、相对大小、物体与物体之间的联系（关系），描述某器材或某机械的大体结构和工作的基本原理，描述某个工艺过程简单图示都叫作示意图。

可以用水平面代替水准面。在这个前提下，可以把测区内的地面景物沿铅垂线方向投影到平面上，按规定的符号和比例缩小而构成的相似图形，称为平面图。

从眼睛直视角度画的图（正面图），从左边或者右边看的图（侧面图）。不同侧面的物体在某个侧面投影出来的形状和尺寸称为投影图。

另外，在人与建筑物之间设立一个透明的铅垂面作为投影面，人的视线（投射线）透过投影画面与投影面相交所得的图形，称为透视图。

空间形体的表面在平面上摊平后得到的图形被称为展开图。在求立体表面的面积时常常会用到展开图。圆锥可以在平面上摊平画出一个展开图，但是球形由于无法平摊展开成平面，所以它画不出展开图。正因如此，以地球为范本制成的地球仪要想平摊成平面的话就必须分成几个部分来画。

用一个平面去截一个几何体的时候，得到的平面图形就叫作截面。一般我们在展示物体的内部构造时会使用截面图。下面就是几个物体的截面图。

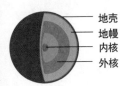

地壳
地幔
内核
外核

［地球的截面］

果籽　　　　　外果皮
子房　　　　　中果皮
　　　　　　　内果皮

［苹果的截面］

［树木的截面（年轮）］

［紫菜卷的截面］

现在我们来看看其他几何体的截面图形吧。

论点1 请说出当一个平行六面体被一个平面所截时可以得到几种截面形状。

〈解答〉平行六面体由6个面组成，用来切割的平面与平行六面体的几个面相交决定了截面是三角形、四边形、五边形还是六边形。不过要记得这个截面是不会有七边形的哦。

 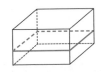

论点2 平面图形A旋转一周形成一个立体图形,用平面P沿旋转轴方向去切所得的立体图形,那么这时的截面会是什么图形呢?

〈解答〉 截面为平面图形A与A的对称图形所组成的一个对称图形。旋转体的旋转轴就是截面的对称轴。

应用问题 有一个旋转体被一个与旋转轴垂直的平面所截,但是并没有产生截面,而是出现了5个同心圆组成的曲线。请说明在什么条件下会出现这种情况。

〈解答〉 由题可画出右图这样的旋转体。与旋转轴垂直的平面P由虚线组成,它去截旋转体的话,就会出现5个同心圆组成的曲线。

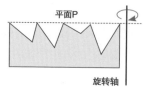

平面P

旋转轴

论点3 用一个平面去截圆柱体所得的截面可以得到多少种形状,请一一罗列出来。

〈解答〉 圆柱体是一个旋转体。当这个用来切圆柱体的平面与旋转轴平行时,截面就是长方形,而且平面与圆柱体弧面的相交线就是母线。当这个平面与旋转轴成直角的时候,截面就是圆形;当平面斜着切向旋转轴的时候,截面就是椭圆形,或是被弦切断了的椭圆的一部分。圆柱体和平面也有可能只相交于一个点。

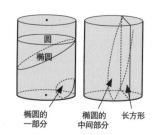

圆
椭圆

椭圆的一部分　　椭圆的中间部分　　长方形

所以这个截面有可能是点、线、圆、椭圆、椭圆的一部分、长方形。

它也有可能是椭圆的中间部分,但是不可能是梯形。

论点4 如右图所示,用垂直于圆锥面的轴的两个平面去截圆锥面,如果圆锥顶点位于此两平行平面之间,两截口圆面与锥面围成的封闭几何体称为对顶圆锥。

当对顶圆锥被一个平面所截时,可以产生多少种截面形状呢?

对顶圆锥

〈解答〉 截面的形状有圆、椭圆、抛物线、双曲线,以及对顶的两个三角形。

请注意,当平面沿着相交顶点去切的时候,截面会为点、直线,或者是在顶点相交的两条直线。

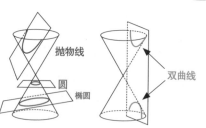

抛物线

圆

椭圆

双曲线

〈提示〉 椭圆、抛物线、双曲线为高中数学所学知识。

兄妹二人去哪儿了呢

侧目

你还站在外面干什么？

我、我也要去？

你这不是废话吗？

我们可是兄妹，生生死死都要在一起才行。

我看今天还是你一个人先去看看吧。我觉得有点感冒，而且我也和朋友约好了今天晚上……

慌张

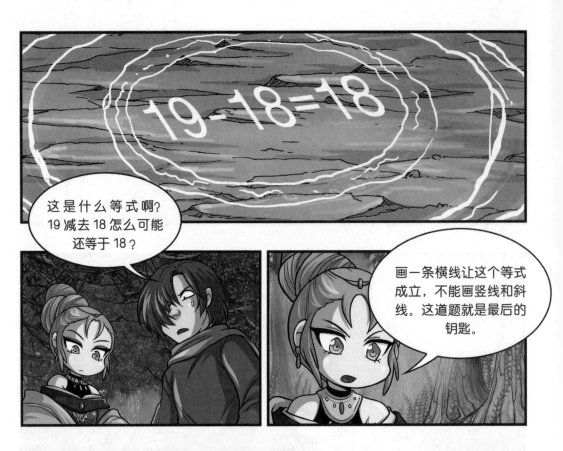

这是什么等式啊？19减去18怎么可能还等于18？

画一条横线让这个等式成立，不能画竖线和斜线。这道题就是最后的钥匙。

□□□□□

我现在很紧张，脑子一片空白！

你傻站着干什么，还不赶紧解题？

你不是擅长数学嘛。

我不紧张，脑子也是一片空白……

你这个笨蛋！你究竟能干什么？

你、你竟然对你哥哥说这种话？

什么哥哥！我们可是双胞胎！

你太过分了！

143章-1
突袭
判断题

球形的展开图可以画出来。

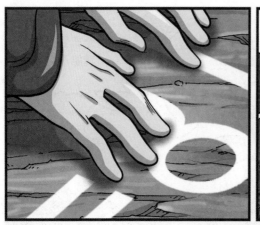

给我让开！

咯吱

因为 $\frac{10}{10}=1$，所以 19−1=18 这个等式是成立的！

解开了！

正确答案　×（解析见第 166 页）

不久后

嗒嗒 嗒嗒

和侍卫一起散步果然让人很安心啊!

谢皇后娘娘。

不过还是有一点不好!

什么?

在我没命令你之前，你只准看着前面，绝不能回头！

呃嗯嗯

可以了。刚刚冥想*了一下，真是舒坦啊！

我已经用魔法看到宝儿刚才是在挖鼻孔了！

*冥想：深沉地思索和想象。

说起来这个地方不是前几天你跟我见面的地方吗？

正是这里。走着走着就恰好走到这里了……

143章-2
英姿
判断题

用平面去截一个平行六面体的时候，会出现一个七边形的截面。

这不是魔法阵吗?

看来是我前几天画的那个魔法阵还没有全部消掉，留在这儿的印迹。

哦，不过好像有人照着这个印迹又画了一遍。画得还挺好的，一模一样……

不是的。乍一看可能会觉得是一样的，仔细看就会发现关键部分有些不同。我能确定这是一个不懂魔法的人随便画出来的。

这样不行吗?随便画画不就可以了。

正确答案　×（解析见第 166 页）

您这话是不对的。开启魔界大门的方法十分危险，一定要好好按照规定操作才行。

因为稍有不慎就会通往另外一个更加可怕的地方。

更加可怕的地方，哪里？

我的天，这是……

怎么了？

这是通往极魔界的魔法阵。

极魔界？

那是比魔界还要深的极恶之地。在魔界犯了罪被驱逐出去的妖怪都聚集在那儿。

那个地方比魔界还要可怕吗?

是的。

魔界至少还有一点秩序和规范,可是极魔界却是一个超乎您想象的恶毒之地。

这都是我的失误。我当时应该把这里清理干净的……

其实也不会真的有人故意跑到极魔界去吧?

这肯定是附近小孩乱画的。

这也不是没可能……

不对劲

噗咻

咻 咻 咻

要是有人通过这个魔法阵去了极魔界的话……那他会怎么样啊?

抖抖抖

这种话您千万不要说。光是想想我都害怕。

另一边，在荒芜大陆的哆哆一行人

*疲惫：非常疲乏。

啊，好疲惫*呀！

怒视

我可看到你瞪眼了！

没，我没瞪眼！

嗖

要是能找个地方休息一下就好了，荒芜大陆上没有旅馆*之类的吗？

哈欠

那里有一家！

*旅馆：指营业性的供旅客住宿的地方。

正确答案　母线（解析见第167页）

冷清

干吗?

你这是对待客人的态度吗?

*流浪：生活没有着落，到处转移，随处谋生。

143章-4
押宝
填空题

如果用来切对顶圆锥的平面既不与旋转轴平行，也不与母线平行，那么这时的截面应该为（　）或（　）。

圆；椭圆（解析见第 167 页）

你刚才说这里不招待流浪汉，那什么样的客人你才招待呢？

其实……

这家旅馆是黑翼组织的宿舍。

惊讶

黑翼是什么？

它是一个以消灭荒芜大陆的妖怪为目标的秘密组织。

那这个组织挺好的呀……

那叔叔您也是黑翼组织的成员吗？

不是的，我不过是他们雇用的人员罢了。

黑翼的行动和成员都是保密的。

嗯……

让我们见一见黑翼组织的人！

啊？

我们对消灭荒芜大陆的妖怪也很有兴趣。

对的，说来我们的目标是一致的！

双方能合作*的话肯定会成功的。

*合作：指互相配合做某事或共同完成某项任务。

不知天高地厚！

⑤ 鸽巢原理的运用

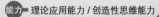

领域 数和运算　　能力 理论应用能力 / 创造性思维能力

桌上有十个苹果, 要把这十个苹果放到九个抽屉里, 无论怎样放, 我们会发现至少会有一个抽屉里面至少放两个苹果。这一现象就是我们所说的"鸽巢原理"。鸽巢原理的一般含义为: "如果每个抽屉代表一个集合, 每一个苹果就可以代表一个元素, 假如有$n+1$个元素放到n个集合中去, 其中必定有一个集合里至少有两个元素。"

〈提示〉 鸽巢原理也被称为狄利克雷原理、抽屉原理。狄利克雷是德国数学家, 是解析数论的奠基者, 也是现代函数概念的定义者。

Ⅰ.〈鸽巢原理〉(形式1)

要把$n+1$只鸽子都放进n个鸽巢里, 那么至少有一个鸽巢能够装进2只以上的鸽子。

[证明]假设没有鸽巢能够装2只鸽子, 那么n个鸽巢能装的鸽子数之和就不会大于n, 这与鸽子有$(n+1)$只这一条件不符。所以可以证明至少有一个鸽巢能够装进2只以上的鸽子。

Ⅱ.〈鸽巢原理〉(形式2)

要把$(n×k+1)$(k不为0)只鸽子全部装进n个鸽巢的话, 则至少有一个鸽巢能够装下$(k+1)$只以上的鸽子。

[证明]假设没有鸽巢能够装下$(k+1)$只以上的鸽子, 那么鸽子数最多也只能为$n×k$, 这就与有$(n×k+1)$只鸽子这一条件不符, 因此可知有鸽巢是能够装下$(k+1)$只以上的鸽子的。

Ⅲ.〈鸽巢原理〉(形式3)

有n个正数m_1、$m_2 \cdots m_n$, 这些数的平均数为$\dfrac{m_1 + m_2 + \cdots + m_n}{n} = A$。那么, m_1、$m_2 \cdots m_n$当中至少有一个小于A或是等于A的数存在, 且至少有一个大于A或是等于A的数存在。

[证明]假设没有一个数小于或等于A的话, 则这n个数都大于A, 这与A是它们的平均数相矛盾。同理可知, 如果没有一个数大于或等于A的话也是与条件相矛盾的。所以可以证明上述结论是成立的。

上面证明中所提到的"至少有一个"、"至少有一个存在", 它们的意思都是一样的 。当我们用这些话的否定形式"一个都没有"来假设的时候, 就能发现其中的自相矛盾之处, 从而得到证明结果。

在运用鸽巢原理的时候, 区分清楚什么是鸽子什么是鸽巢非常重要, 所以我们要充分理解题意才行。有很多问题都需要我们先充分理解题目中给出的条件, 才能知道是不是能够利用鸽巢原理来解题。

论点1 有10名学生将自己的小说收集起来捐给了学校图书馆。他们一共捐赠了35本小说, 而且捐1本的学生、捐2本的学生、捐3本的学生至少各有一名。请证明10名学生当中至少有一名学生捐了5本或以上。

〈解答〉 首先我们要先将题目中给出的条件一一梳理清楚。由题可知3名学生至少可以捐1+2+3=6 (本) 小说, 这也可以转换为7名学生捐了29本小说。在这里, 要是这7名学生每人都捐了4本的话, 一共就是28本。这就与7名学生捐了29本这一情况不符, 所以可以证明至少有一名学生捐了5本或以上。

论点2 把1、2、3…9这9个数分成三组, 请证明这时同一组数的乘积大于或等于72的组一定存在。

〈解答〉 我们知道$1×2×…×9=362880$, 假设这三组当中每组数的乘积都不超过71的话, 这九个数字的乘积就不会超过$71×71×71=357911$, 这与条件相矛盾。所以可以证明肯定有一组数的乘积大于或等于72。

论点3 有52个不一样的自然数。请证明在这些自然数里一定有两个自然数在平方之后的差能被100整除。

〈解答〉 首先我们要了解两个数的差能被100整除的意思是指这两个数各自都除以100之后余下的数是相等的。另外, 要想知道自然数n的平方数n^2除以100之后余下的数为多少, 只要计算出n的最后两位数 (十位数) 的平方数即可。
假设最后两位数为$ab=x$, 因为$(ab)^2=n^2$和$(100-ab)^2=(100-x)^2=10000-200x+x^2$除以100之后所余的数相等, 所以两位数的平方除以100之后的余数不超过51个。
但是题目告诉我们一共有52个自然数, 所以当然有两个自然数的平方除以100之后所得的余数一致。

〈提示〉 实际上平方后除以100所余的数只有0、1、4、9、16、21、24、25、29、36、41、44、49、56、61、64、69、76、81、84、89、96这22个。上述问题用23个替换52个也是成立的。

论点4 边长为10cm的正方形里面有101个点。请证明这些点当中不管连接哪3个点所形成的三角形 (包含直线) 其面积都不超过$1cm^2$。

〈解答〉 我们可以把形成直线的3个点看成是面积为$0cm^2$的三角形。这个正方形可以分割为50个1cm×2cm的长方形。这样一来, 这50个长方形就是鸽巢, 101个点就是鸽子, 哪个长方形里包含了3个以上的点, 那么这个长方形里由3个点组成的三角形面积就不超过$1cm^2$。(这里设定界线上的点包含在左边或上面的长方形内。)

神秘团体——黑翼

这些是黑翼的成员。

竟然说我们不知天高地厚,这话也太过分了吧。

就凭你们也想跟黑翼合作!

那个……这位是吸血鬼王……

你、你们这群家伙!

现在猫猫狗狗都可以当大王了吗?一个小小的吸血鬼而已……

嘀 嘀 咕 咕

吸血鬼也是我们要消灭的对象。今天我们还有其他特殊任务就先放你们一马，你们最好给我安分点！

对不起……

知道了就赶紧给我消失！

我们为什么要跟他们道歉！

真是太过分了！

气愤 气愤

竟然践踏吸血鬼的自尊心！

现在跟他们硬碰硬的话，我们就跟黑翼结仇了。你们是想这样吗？

尴尬

那、那肯定不是啊。

不要轻举妄动，先看看再说。我们现在需要的是情报，首先要弄清楚黑翼到底是个什么样的组织！

您真英明……

她不仅漂亮……

哇

不愧是我姐姐！

沙沙沙

惊吓

正确答案　○（解析见第167页）

嘎吱

大步　　大步

偷看

惊

呃隆隆隆

是坦克！黑翼……是个这么厉害的组织啊！

他们不是说今天有特殊任务嘛，我们跟上去瞧瞧！

靠近

○（解析见第 167 页）

正确
答案

轻手
轻脚

嗡嗡嗡嗡

嗡隆隆

刹住

惊

这是黑暗树桩！一种应该已经灭绝*了的妖怪……

坦克和它谁会赢呢？

*灭绝：全部灭亡。

5个人吃完了14块年糕，这些人当中一定有人吃的年糕不足（　　）块。

正确答案　3（解析见第 167 页）

呃呃

您醒过来了?

是他们把你们救回来的。

嘻嘻

144章-4
押宝
填空题
5 个人吃完了 13 块年糕, 每个人都吃了不少于 2 块。那么, 这当中有 ( ) 个人吃了 6 块年糕?

第144章 神秘团体——黑翼 149

他、他说的是真的吗?

笑脸

我们的目标也是消灭妖怪,当然要帮你们了。

十分感谢!

磕头

就这样,哆哆一行人和黑翼成员们熟悉了起来。

黑暗树桩这种妖怪不是应该已经灭绝了吗?

正确答案 0（解析见第167页）

你说的没错。

那刚才那个是什么?

对视

那是黑翼实验室里制造出来的人造妖怪。

喔

你是说人造妖怪?

是以人造妖怪为武器去消灭妖怪的一种作战计划。

借助魔法和科学的力量制造出妖怪……从黑翼成员中挑选出人造妖怪的候选者，并把他们改造成妖怪。

虽然很残忍，但是只要牺牲一个人就能击败无数妖怪，这件事情也是很有意义的。

愕然

再怎么说也不能……好恶毒啊。

愕然

竟然把人改造成妖怪……

那你们三位刚才为什么要跟人为改造出来的黑暗树桩对战呢？

虽然并不常见，但是偶尔也会发生人造妖怪不听命令脱离掌控的情况。也就是我们自己造出来的武器反过来攻击我们。

这种时候就应该快速出动把它给制服。因为这个世界上没有比发狂的人造妖怪还要危险的了。

这次的人造妖怪太强我们才会失败……

呜

你们怎么了？

按照黑翼的规定，执行任务失败的人是要被杀的。

不想死的话，也可以被改造成人造妖怪。

呜呜

黑翼……好像有点奇怪。

噗

咚

你们别担心！我去把黑暗树桩给撂倒！

大哥……

一个连坦克都能摧毁的妖怪……

你把我的剑好好擦一擦，要像镜子一样能反光才行哦！

扔

我不是很聪明嘛！

看起来并不怎么聪明啊……

第二天

出现

黑暗树桩，我知道你原本是一个人，我是来帮你恢复本来面貌的。

啊啊啊啊

跃起

黑暗树桩正好对着阳光，就趁现在!

嘻嘻

唰

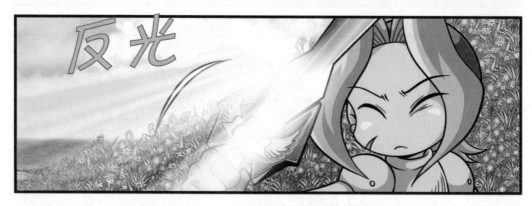

反光

躲

嗒嗒

丽、丽琳!

你认识她?

当然认识了!她根本就不是黑翼组织的成员!

丽琳为什么会在这里?

敬请期待《冒险岛数学奇遇记》第55册!

139 章 -1

解析 因为把 3 个球都分给一个人的情况有两种，两个人一个分 2 个、一个分 1 个的情况也有两种，所以一共是 4 种分法。注意乒乓球是一模一样的。

139 章 -2

解析 只要求出 A 有几种分法就行了。对于 A 来说，一种情况是没有分到球；第二种情况是分到 1 个球，这时有 3 种分法；第三种情况是分到 2 个球，也有 3 种分法；第四种情况是 3 个球都分给了它，所以一共有 8 种分法。还有另外一种求解方法：每个球都只会分给 A 或者 B，也就是只有两种分法，又因为有 3 个不同的球，所以一共有 $2 \times 2 \times 2 = 8$（种）分法。

140 章 -1

解析 把一个数表示成 a 与 10 的 n 次幂相乘的形式（$1 \leqslant |a| < 10$，n 为正整数），这种记数法叫作科学计数法。题目中的表示方法叫作位值制记数法。

140 章 -2

解析 一个数的每个数字所在的位置都有特定的数位。

140 章 -3

解析 万→亿→兆→京→垓是以 10000 倍为进率的。

140 章 -4

解析 当我们要标记或运算某个较大或较小且位数较多的数时，把一个数表示成 a 与 10 的 n 次幂相乘的形式（$1 \leqslant |a| < 10$，n 为正整数），这种记数法叫作科学记数法。

141 章 -1

解析 位是数据存储的最小单位，其中 8 位就称为一个字节。

解析 1 千字节约等于 1000 字节（准确地来说应该是 2^{10}=1024 字节），1 兆字节约等于一百万字节（准确地来说应该是 2^{20}=1,048,576 字节），1 吉字节约等于十亿字节（准确地来说应该是 2^{30}=1,073,741,824 字节）。

解析 由于 1 字节等于 8 比特，每一位可以表示 0 或 1 两种，所以可以表示为 2^8=256（种）二进制编码。

解析 转换成十进制再进行验算，$111_{[2]}=7_{[10]}, 11_{[2]}=3_{[10]}$，可得 $7_{[10]} \times 3_{[10]}=21_{[10]}$。十进制数 21 用二进制表示为 $10101_{[2]}$。

解析 一般来说，即使是相同大小的物体，若放在一个更大的物体旁边都会看起来比较小，若是放到一个更小的物体旁边都会看起来更大一些。

解析 光的三原色为红、绿、蓝。印刷三原色为青、品红、黄。

解析 ▢ 叫作彭罗斯正方形，▶ 叫作彭罗斯三角。

解析 人眼在观察物体时，光信号传入大脑神经，需经过一段短暂的时间，光的作用结束后，视觉影像并不立即消失，这种残留的视觉称"后像"，视觉的这一现象则被称为"视觉暂留"。

解析 球形的表面是不能平摊展开成一个平面的，所以球形是无法画出展开图的。

解析 平行六面体一共有 6 个面，所以用平面去截平行六面体，它们的相交线最多也只有 6 条，因此七边形的截面是不存在的。

解析 母线一般针对旋转图形，例如：圆柱是矩形绕其一边旋转得到，旋转的那条边（与轴平行的矩形那条边）就是圆柱的母线，圆锥的母线是其旋转的三角形的斜边。

解析 对顶圆锥被与旋转轴平行的平面所截时，截面为双曲线；被与母线平行的平面所截时，截面为抛物线。椭圆、抛物线、双曲线等内容我们会在高中课程中学到。

解析 如果没有两个人种的树一样多的话，那么 15 个人每人种的树木就都不一样多。因为 0+1+2+…+13+14=105，只有种了 105 棵以上的树才能让每个人种的树都不一样多。因此可证明一定有两个人种的树是一样多的。

解析 假设 5 个人每人吃的年糕都不超过 3 块，那么年糕最多也只有 15 块。这与题目给的 16 块年糕不相符，所以一定有人吃了不少于 4 块的年糕。

解析 假设 5 个人全都吃了 3 块以上的年糕，那么年糕至少也得有 $3 \times 5 = 15$（块）。可是这与条件给的 14 块相矛盾，因此一定有一个人吃的年糕不足 3 块。

解析 因为 5 个人每个人都吃了不少于 2 块的年糕，那么剩下 $13 - 5 \times 2 = 3$（块）年糕也是这 5 个人吃了，就算把这 3 块都分给一个人也少于 6 块，所以没有人吃了 6 块年糕。

打开地图环游世界

全手绘三维立体地图
海量知识任你学

高品质、超大版面跨页呈现

彩铅艺术与地理人文碰撞

旅游故事与儿童科普交织

给孩子社科和艺术双重启蒙